FORSCHUNGSBERICHTE DES LANDES NORDRHEIN-WESTFALEN
Nr. 2407

Herausgegeben im Auftrage des Ministerpräsidenten Heinz Kühn
vom Minister für Wissenschaft und Forschung Johannes Rau

Priv. Doz. Dr. rer. nat. Rainer Weizel
Jutta Weyland

Mathematisches Seminar
der Landwirtschaftlichen Fakultät
der Universität Bonn

Ebene Potentialströmung um N Kreise

Westdeutscher Verlag 1974

© 1974 by Westdeutscher Verlag GmbH, Opladen
Gesamtherstellung: Westdeutscher Verlag

ISBN-13: 978-3-531-02407-3   e-ISBN-13: 978-3-322-88173-1
DOI: 10.1007/978-3-322-88173-1

Inhaltsverzeichnis

Einleitung   Seite   1

1) Das komplexe Potential der Strömung   Seite   2

2) Berechnung der komplexen Potentialfunktion   Seite   2

3) Strömung um einen Kreiszylinder   Seite   9

4) Strömung um zwei Kreiszylinder   Seite   10

5) Numerische Auswertung   Seite   19

6) Literatur   Seite   20

7) Abbildung einer Strömung um sieben Kreislinien   Seite   21

Einleitung
―――――――

In einem früheren Bericht haben wir eine Methode angegeben, eine ebene Potentialströmung um N beliebig geformte Hindernisse zu berechnen.{7, 8} Dabei wurde die Ermittlung der komplexen Potentialfunktion der Strömung auf die Lösung eines modifizierten Dirichletschen Problems zurückgeführt. Dieses Lösungsverfahren ist relativ kompliziert und erfordert umfangreiche numerische Rechnungen.

In dieser Arbeit wird eine Methode zur Berechnung der komplexen Potentialfunktion einer Strömung um N Kreislinien vorgelegt, die nur die Lösung eines linearen Gleichungssystems verlangt.

1) Das komplexe Potential der Strömung.

Mit $L_1, L_2, \ldots, L_N$ seien N sich untereinander nicht schneidende Kreislinien bezeichnet. Gesucht ist die komplexe Potentialfunktion $f(z)$ einer Parallel-Strömung im Außengebiet dieser N Kreislinien. Die Zirkulationen Γ_k um die einzelnen Hindernisse L_k und die Anströmgeschwindigkeit $\vec{V}$ ($V=|\vec{V}|$) im Unendlichen gehen dabei als Randbedingungen ein. Das Koordinatensystem sei so gelegt, daß seine reelle Achse parallel zur Anströmgeschwindigkeit $\vec{V}$ verläuft. Das komplexe Potential hat dann die Form

$$f(z) = Vz + \sum_{k=1}^{N} \frac{\Gamma_k}{2\pi i} \ln(z-P_k) + ig(z) \qquad (1,1)$$

Mit $g(z)$ ist dabei eine im Bereich der Strömung holomorphe Funktion und mit P_k ein beliebiger fester Punkt im Inneren des Kreises L_k bezeichnet worden. Die Kreislinien L_k sind Stromlinien, dort gilt deshalb

$$\text{Im } f(t) = C_\rho \quad ; \quad t \in L_\rho \qquad (1,2)$$

wobei die C_ρ ($\rho = 1,2,\ldots,N$) reelle nicht vorgegebene Konstanten bedeuten. Wegen Gleichung (1,2) unterliegt die nochunbekannte, im Strömungsgebiet holomorphe Funktion $g(z)$ auf den Kreislinien den Randbedingungen

$$\text{Re } g(t) = C_\rho - Vy + \sum_{k=1}^{N} \frac{\Gamma_k}{2\pi} \ln|t - P_k| \quad ; \quad t \in L_\rho \qquad (1,3)$$

2) Berechnung der komplexen Potentialfunktion.

Der Mittelpunkt des l-ten Kreises sei

$$M_l = \alpha_l + i\beta_l$$

Ist $R_l \neq 0$ der Radius des l-ten Kreises, so lautet seine Parameterdarstellung

$$\tau = x_l + i y_l = M_l + R_l e^{i\phi} \qquad \tau \in L_l$$

Für den weiteren Verlauf der Rechnung ist es praktisch, für den beliebigen Punkt P_l im Inneren des l-ten Kreises den Mittelpunkt M_l zu wählen und außerdem die Größen

$$z_l = z - M_l \qquad (2,1)$$

einzuführen. Im Strömungsgebiet ist z_l stets $\neq 0$.
Die unbekannte im Strömungsgebiet holomorphe Funktion $g(z)$ ist durch die Randbedingungen (1,2) bzw. (1,3) nur bis auf eine additive Konstante festgelegt. Wir machen nun für $g(z)$ den Ansatz

$$g(z) = \sum_{l=1}^{N} \sum_{k=1}^{\infty} D_k^{(l)} \left(\frac{1}{z_l}\right)^k \qquad z_l \neq 0 \qquad (2,2)$$

und haben damit die additive Konstante so gewählt, daß $g(\infty) = 0$ wird. Die Funktion $g(z)$ besteht aus einer Summe endlich vieler Laurentscher Reihen. Als Entwicklungspunkte dienen die Mittelpunkte M_l ($l = 1, 2, \ldots N$) der N Kreislinien. Die komplexen Entwicklungskoeffizienten $D_k^{(l)}$ sollen so bestimmt werden, daß die Randbedingungen (1,3) erfüllt sind. Zu diesem Zweck bilden wir den Funktionswert von $g(z)$ auf den ν-ten Kreis. Dann ist

$$z = M_\nu + R_\nu e^{i\phi} \; ; \qquad z \in L_\nu$$

und

$$z_l = z - M_l = M_\nu - M_l + R_\nu e^{i\phi} = Q_{\nu l} + R_\nu e^{i\phi}$$

mit

$$Q_{\nu l} = M_\nu - M_l$$

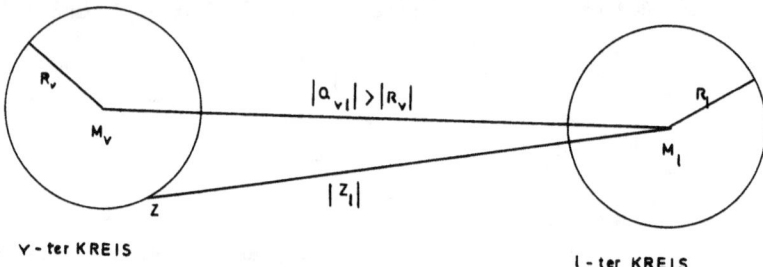

v-ter KREIS   l-ter KREIS

Abbildung 1

Für $1/z_1$ finden wir die Entwicklung

$$\frac{1}{z_1} = \frac{1}{Q_{\nu l}} \frac{1}{1 + \frac{R_\nu e^{i\phi}}{Q_{\nu l}}} = \sum_{r=0}^{\infty} (-1)^r \frac{R_\nu^r e^{ir\phi}}{Q_{\nu l}^{r+1}} \qquad \nu \neq l \qquad (2,3)$$

die für alle z auf dem v-ten Kreis konvergent ist. Es gilt nämlich für alle $z \epsilon L_\nu; R_\nu < |Q_{\nu l}|$ solange sich die N-Kreise untereinander nicht schneiden.

Die Potenzen z_1^{-k} drücken wir durch die Ableitungen von $1/z_1$ nach z aus.

$$z_1^{-k} = (-1)^{k-1} \frac{1}{(k-1)!} \frac{d^{k-1}}{dz^{k-1}} z_1^{-1} \qquad (2,4)$$

und finden so die auf dem v-ten Kreis gleichmäßig konvergenten Reihenentwicklungen

$$z_1^{-k} = \frac{1}{(k-1)!} \sum_{r=k-1}^{\infty} (-1)^{r+k-1} \frac{r! R_\nu^{r-k+1} e^{i(r-k+1)\phi}}{Q_{\nu l}^{r+1} (r-k+1)!} ; \nu \neq l \qquad (2,5)$$

Wir gelangen zu einer komplexen Fourierschen Reihendarstellung der Funktion g(z) auf dem v-ten Kreis, wenn wir die Beziehungen (2,5) in die Gleichung (2,2) einsetzen.

$$g(z) = \sum_{\substack{l=1 \\ l \neq \nu}}^{N} \sum_{k=1}^{\infty} \frac{D_k^{(l)}}{(k-1)!} \sum_{r=k-1}^{\infty} (-1)^{r+k-1} \frac{r! \, R_\nu^{r-k+1} \, e^{i(r-k+1)\phi}}{(r-k+1)! \, Q_{\nu l}^{r+1}}$$

(2,6)

$$+ \sum_{k=1}^{\infty} \frac{D_k^{(\nu)} \, e^{-ik\phi}}{R_\nu^k}$$

Um die Randbedingungen (1,3) zu erfüllen, benötigen wir den Realteil Re g(z). Wir spalten deshalb die komplexen Koeffizienten $D_k^{(1)}$ in Real- und Imaginärteil

$$D_k^{(1)} = R_1^k \{A_k^{(1)} + i B_k^{(1)}\} \quad ; \quad A_k^{(1)}, \, B_k^{(1)} = \text{reell} \qquad (2,7)$$

und verwenden ferner die folgenden Umformungen

$$\text{Re } D_k^{(1)} \frac{e^{i(r-k+1)\phi}}{Q_{\nu l}^{r+1}} = \frac{1}{Q_{\nu l}^{r+1} \bar{Q}_{\nu l}^{r+1}} \text{Re}\{D_k^{(1)} \bar{Q}_{\nu l}^{r+1} e^{i(r-k+1)\phi}\} =$$

$$= \frac{R_1^k}{Q_{\nu l}^{r+1} \bar{Q}_{\nu l}^{r+1}} \{(A_k^{(1)} \text{Re } Q_{\nu l}^{r+1} + B_k^{(1)} \text{Im } Q_{\nu l}^{r+1}) \cos(r-k+1)\phi - \qquad (2,8)$$

$$- (B_k^{(1)} \text{Re } Q_{\nu l}^{r+1} - A_k^{(1)} \text{Im } Q_{\nu l}^{r+1}) \sin(r-k+1)\phi \} = G$$

wobei wir mit $\bar{Q}_{\nu l}$ die zu $Q_{\nu l}$ konjugiert komplexe Zahl bezeichnet haben.

Über die Gleichung (2,8) finden wir für den Realteil von g(z) für alle z auf dem ν-ten Kreis die Fourierentwicklung

$$\text{Re } g(z) = \sum_{\substack{l=1 \\ l \neq \nu}}^{N} \sum_{k=1}^{\infty} \sum_{r=k+1}^{\infty} \frac{(-1)^{r+k-1} \, r! \, R_\nu^{r-k+1}}{(k-1)! \, (r-k+1)!} \, G +$$

(2,9)

$$+ \sum_{k=1}^{\infty} (A_k^{(\nu)} \cos k\phi + B_k^{(\nu)} \sin k\phi)$$

in der die Koeffizienten $A_k^{(1)}$ und $B_k^{(1)}$ noch unbekannt sind.

Aus der Gleichung (2,3) geht durch Integration nach z die komplexe auf dem ν-ten Kreis gleichmäßig konvergente Fourierentwicklung der Funktion $\ln(z_1)$ hervor

$$\ln z_1 = \sum_{r=0}^{\infty} (-1)^r \frac{\bar{Q}_{\nu l}^{r+1}}{\bar{Q}_{\nu l}^{r+1} \, Q_{\nu l}^{r+1}} \frac{R_\nu^{r+1}}{(r+1)} e^{i(r+1)\phi} + \ln Q_{\nu l} \quad ; z \in L ; l \neq \nu$$

der wir durch Realteilbildung die reelle Fourierdarstellung für $\ln|z_1|$ entnehmen.

$$\ln|z_1| = \sum_{r=0}^{\infty} \frac{(-1)^r \cdot R_\nu^{r+1}}{(r+1) \, |Q_{\nu l}^{r+1}|^2} \{\text{Re } Q_{\nu l}^{r+1} \cos(r+1)\phi +$$

(2,10)

$$+ \text{Im } Q_{\nu l}^{r+1} \sin(r+1)\phi\} + \ln|Q_{\nu l}|$$

Zu einem linearen Gleichungssystem, aus dem die noch unbekannten Koeffizienten $A_k^{(1)}$ und $B_k^{(1)}$ ermittelt werden können, gelangen wir folgendermaßen. Wir setzen die Ausdrücke (2,10) und (2,9) in die Randbedingungen (1,3) ein, multiplizieren anschließend diese Gleichung der Reihe nach mit $1, z, z^2, \ldots z^\mu$ usw. und integrieren jeweils über den ν-ten Kreis. Das ergibt

$$A_{\mu+1}^{(\nu)} + \sum_{\substack{l=1 \\ l \neq \nu}}^{N} \sum_{k=1}^{\infty} \frac{(-1)^{\mu-1}(\mu+k)! R_l^k R^{\mu+1}}{(k-1)!(\mu+1)! |Q_{\nu l}|^{2(\mu+k+1)}} \cdot$$

$$\cdot \left(A_k^{(1)} \operatorname{Re} Q_{\nu l}^{\mu+k+1} + B_k^{(1)} \operatorname{Im} Q_{\nu l}^{\mu+k+1} \right) =$$

$$= R_\nu \sum_{\substack{l=1 \\ l \neq \nu}}^{N} \frac{\Gamma_l}{2\pi} \frac{\operatorname{Re} Q_{\nu l}}{|Q_{\nu l}|^2} \quad \text{für } \mu = 0$$

bzw.

$$= (-1)^\mu \frac{R_\nu^{\mu+1}}{\mu+1} \sum_{\substack{l=1 \\ l \neq \nu}}^{N} \frac{\Gamma_l}{2\pi} \frac{\operatorname{Re} Q_{\nu l}^{\mu+1}}{|Q_{\nu l}|^{2(\mu+1)}} \quad \text{für } \mu \neq 0$$

(2,11)

$$B_{\mu+1}^{(\nu)} - \sum_{\substack{l=1 \\ l \neq \nu}}^{N} \sum_{k=1}^{\infty} \frac{(-1)^{\mu-1}(\mu+k)! R_l^k R_\nu^{\mu+1}}{(k-1)!(\mu+1)! |Q_{\nu l}|^{2(\mu+1+k)}} \cdot$$

$$\cdot \left(B_k^{(1)} \operatorname{Re} Q_{\nu l}^{\mu+k+1} - A_k^{(1)} \operatorname{Im} Q_{\nu l}^{\mu+k+1} \right) =$$

$$= -R_\nu V + R_\nu \sum_{\substack{l=1 \\ l \neq \nu}}^{N} \frac{\Gamma_l}{2\pi} \frac{\operatorname{Im} Q_{\nu l}}{|Q_{\nu l}|^2} \quad \text{für } \mu = 0$$

bzw.

$$= (-1)^\mu \frac{R_\nu^{\mu+1}}{\mu+1} \sum_{\substack{l=1 \\ l \neq \nu}}^{N} \frac{\Gamma_l}{2\pi} \frac{\operatorname{Im} Q_{\nu l}^{\mu+1}}{|Q_{\nu l}|^{2(\mu+1)}} \quad \text{für } \mu \neq 0$$

Aus diesem Gleichungssystem können die Koeffizienten $A_k^{(l)}$ und $B_k^{(l)}$ in jeder Näherung eindeutig ermittelt werden. Soll z.B. die Funktion g(z) durch die endlichen Reihen

$$g(z) = \sum_{l=1}^{N} \sum_{k=1}^{M} D_k^{(l)} z_l^{-k} \qquad (2,12)$$

approximiert werden, so ist im Gleichungssystem (2,11) als obere Grenze für den Summationsindex k die Zahl M zu wählen und μ durchläuft die Werte μ = 0, 1, 2.....M-1. Die gesuchte komplexe Potentialfunktion f(z) ergibt sich dann näherungsweise nach Gleichung (1,1) zu

$$f(z) = Vz + \sum_{l=1}^{N} \frac{\Gamma_l}{2\pi i} \ln(z-z_\rho) + i \sum_{l=1}^{N} \sum_{k=1}^{M} D_k^{(l)} z_l^{-k}$$

Die Werte der Konstanten C_ρ aus Gleichung (1,3) findet man, indem die Ausdrücke (2,9) und (2,10) in die Randbedingung (1,3) eingesetzt, mit dφ multipliziert und von 0 bis 2π integriert werden. Das ergibt

$$C_\nu = V\beta_\nu + \sum_{\substack{l=1 \\ l \neq \nu}}^{N} \sum_{k=1}^{M} \frac{R_l^k}{|Q_{\nu l}|^{2k}} \{ A_k^{(l)} \operatorname{Re} Q_{\nu l}^k + B_k^{(l)} \operatorname{Im} Q_{\nu l}^k \} -$$

$$- \frac{\Gamma_\nu}{2\pi} \ln R_\nu - \sum_{\substack{l=1 \\ l \neq \nu}}^{} \frac{\Gamma_l}{2\pi} \ln |Q_{\nu l}|$$

3) Strömung um einen Kreiszylinder.

In diesem Falle haben wir in Gleichung (2,11) $\nu=1$ zu setzen. Damit ergibt sich für die gesuchten Koeffizienten A_k und B_k

$$i A_{\mu+1} - B_{\mu+1} = \begin{cases} RV & \text{für } \mu = 0 \\ 0 & \text{für } \mu \neq 0 \end{cases}$$

Mithin verschwinden alle A_k und B_k mit Ausnahme von B_1. Hierfür ergibt sich

$$B_1 = -RV$$

Für die komplexe Potentialfunktion einer Potentialströmung um nur einen Kreis findet man dann über die Gleichungen (2,7) und (1,1) die bekannte Formel

$$f(z) = Vz + \frac{\Gamma}{2\pi i} \ln z + R^2 \frac{V}{z}$$

4) Strömung um zwei Kreiszylinder.

Besteht das Kurvensystem L aus nur zwei Kreislinien, so müssen die Ergebnisse des Abschnittes (2) mit den bekannten Formeln von J. Bonder und M. Lagally {1,2,3,4} für eine reibungslose Strömung um zwei Kreislinien übereinstimmen. Hier sollen die Potentialfunktionen von J. Bonder und M. Lagally mittels des Lösungsverfahrens von Abschnitt 2) reproduziert werden. Wie in der Arbeit von J. Bonder beschränken wir uns auf den Fall, daß keine Zirkulation um die Kreise besteht. Das Koordinatensystem legen wir so, daß seine x-Achse durch die Mittelpunkte der Kreise verläuft und daß außerdem die beiden Kreise als Apollonische Kreise mit den Grenzpunkten $\pm b$ aufgefaßt werden können.

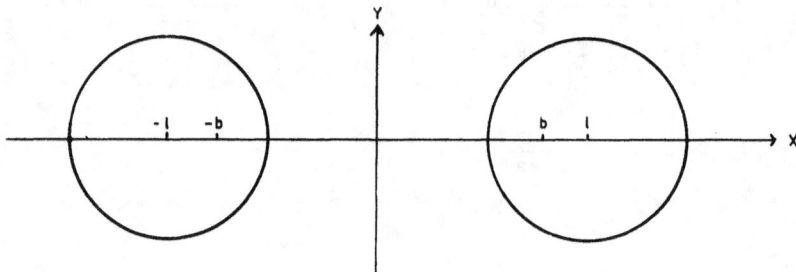

Abbildung 2

Im allgemeinen kann die Anströmgeschwindigkeit im Unendlichen $\vec{v}$ einen Winkel α mit der Verbindungslinie der beiden Kreismittelpunkte einschließen.

$$\vec{v} = V(\cos\alpha, \sin\alpha)$$

Wir müssen folglich nur die beiden Fälle behandeln, daß $\vec{v}$ parallel bzw. senkrecht zur x-Achse verläuft, denn der allgemeine Fall besteht in einer Superposition dieser beiden speziellen Strömungen.

Der Kreis in der linken Halbebene der Abbildung (2) habe die Gleichung

$$\frac{|z + b|}{|z - b|} = R < 1$$

dann erfüllen die Kreispunkte der rechten Halbebene die Gleichung

$$\frac{|z + b|}{|z - b|} = \rho > 1$$

Wendet man die Lösungsmethode von Abschnitt (2) direkt an, so entsteht eine komplexe Potentialfunktion, die um die Mittelpunkte der Kreise in eine Reihe entwickelt ist. J.Bonders Potentialfunktion ist aber um die Grenzpunkte b entwickelt. Es ist deshalb angebracht, das Zwischengebiet beider Kreise auf ein Kreisringgebiet konform abzubilden. Die Transformation

$$w = \frac{z + b}{z - b}$$

überführt die Kreise in die beiden konzentrischen Kreise um den Ursprung $|w| = R$ und $|w| = \rho$ (Abb.3)

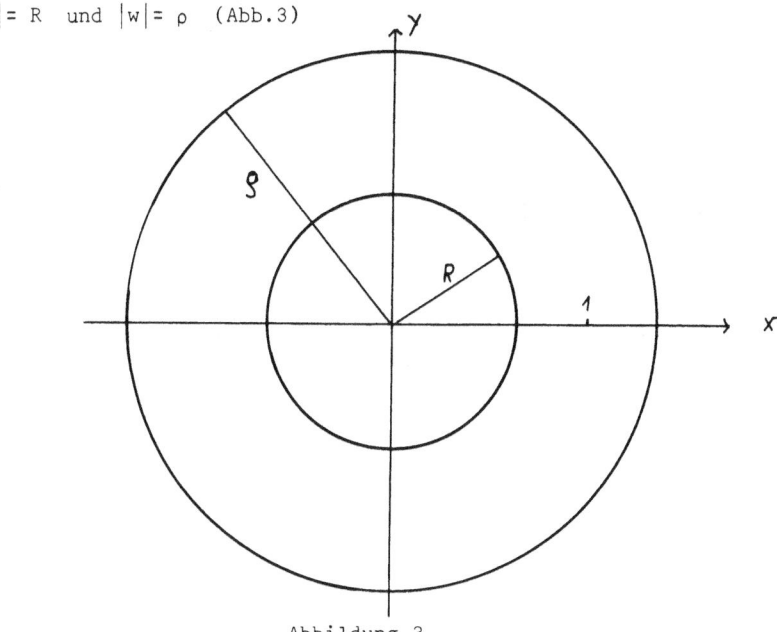

Abbildung 3

Die komplexe Potentialfunktion hat im Kreisringgebiet die Form

$$F(w) = Vb \, \frac{w+1}{w-1} + i\, g(w) \qquad (4,1)$$

Dabei bedeuten $g(w)$ eine im Kreisringgebiet holomorphe Funktion, die durch die Randbedingungen (1,3)

$$\operatorname{Re} g(w) = C_1 - b\, \operatorname{Im} V\, \frac{w+1}{w-1} \qquad w \in K_1 \qquad (4,2a)$$

und

$$\operatorname{Re} g(w) = C_2 - b\, \operatorname{Im} V\, \frac{w+1}{w-1} \qquad w \in K_2 \qquad (4,2b)$$

bis auf eine additive Konstante festgelegt ist. Die Funktion $g(w)$ läßt sich also um den Punkt $w = 0$ in eine Laurentsche Reihe entwickeln, die im betrachteten Kreisringgebiet gleichmäßig konvergent ist.

$$g(w) = \sum_{k=0}^{\infty} (A_k + iB_k)\, w^k + \sum_{k=1}^{\infty} (a_k + ib_k)\, \frac{1}{w^k} \qquad (4,3)$$

Auf den Kreisen K_1 bzw. K_2 werde $w = Re^{it}$ bzw. $w = \rho e^{it}$ gesetzt.

Fall 1:

Die Anströmgeschwindigkeit $\vec{v}$ sei parallel zur x-Achse, d.h. es ist $\alpha = 0$
Dann gilt, wenn w auf dem Kreis 1 liegt ($w = Re^{it}$)

$$b\operatorname{Im} V\, \frac{w(t)+1}{w(t)-1} = \frac{-2bVR \sin t}{1 + R^2 - 2R\cos t} = -2Vb \sum_{k=1}^{\infty} R^k \sin k t \qquad (4,4a)$$

und wenn w auf dem Kreis 2 liegt ($w = \rho e^{it}$)

$$b\operatorname{Im} V\, \frac{w(t)+1}{w(t)-1} = \frac{-2bV\,\frac{1}{\rho} \sin t}{1 + \frac{1}{\rho^2} - 2\frac{1}{\rho}\cos t} = -2Vb \sum_{k=1}^{\infty} \frac{1}{\rho^k} \sin k t \qquad (4,4b)$$

Beide Reihen sind absolut und gleichmäßig konvergent, da R bzw. $\frac{1}{\rho}$ kleiner 1 ist.

Unter Verwendung der Formeln (4,4) und (4,3) ergeben sich aus den Randbedingungen (4,2) die Beziehungen

$$C_1 + 2Vb \sum_{k=1}^{\infty} R^k \sin kt = A_0 +$$

$$\sum_{k=1}^{\infty} (R^k A_k + \frac{a_k}{R^k}) \cos kt + (\frac{b_k}{R^k} - R^k B_k) \sin kt$$

$$C_2 + 2Vb \sum_{k=1}^{\infty} \frac{1}{\rho^k} \sin kt = A_0 +$$

$$\sum_{k=1}^{\infty} (\rho^k A_k + \frac{a_k}{\rho^k}) \cos kt + (\frac{b_k}{\rho^k} - \rho^k B_k) \sin kt.$$

Hieraus finden wir durch Koeffizientenvergleich

$$C_1 = C_2 = A_0 \quad ; \quad A_k = a_k = 0$$

und

$$B_k = 2Vb \frac{R^{2k} - 1}{\rho^{2k} - R^{2k}} \quad ; \quad b_k = 2Vb \frac{R^{2k}(\rho^{2k} - 1)}{\rho^{2k} - R^{2k}}$$

Für die im transformierten Strömungsgebiet (Kreisringgebiet) holomorphe Funktion g(w) finden wir

$$g(w) = 2biV \sum_{k=1}^{\infty} \frac{R^{2k}}{\rho^{2k}-R^{2k}} \{ \frac{\rho^{2k} - 1}{w^k} - w^k \frac{1 - R^{2k}}{R^{2k}} \} + (A_0 + iB_0)$$

und für die komplexe Potentialfunktion

$$F(w) = Vb \frac{w+1}{w-1} - 2Vb \sum_{k=1}^{\infty} \frac{R^{2k}}{\rho^{2k}-R^{2k}} \{ \frac{\rho^{2k}-1}{w^k} - w^k \frac{1-R^{2k}}{R^{2k}} \} + \text{const.} \qquad (4,5)$$

Fall 2:

Die Anströmgeschwindigkeit $\vec{v}$ sei parallel zur y-Achse, d.h. es ist $\alpha = \frac{\pi}{2}$.
Wir setzen dann

$$V = - i v \quad ; \quad v = \text{reell}$$

Liegt dann w auf dem Kreis 1 ($w = Re^{it}$), so ergibt sich

$$bImV \frac{w(t) + 1}{w(t) - 1} = \frac{bv(1 - R^2)}{1+R^2 - 2R\cos t} = vb\left(1 + 2 \sum_{k=1}^{\infty} R^k \cos kt\right) \tag{4,6a}$$

Liegt hingegen w auf dem zweiten Kreis ($w = \rho e^{it}$), so gilt

$$bImV \frac{w(t) + 1}{w(t) - 1} = \frac{-bv(1- \rho^{-2})}{1 + \rho^{-2} - 2\rho^{-1}\cos t} = -vb\left(1 + 2 \sum_{k=1}^{\infty} \frac{1}{\rho^k} \cos kt\right) \tag{4,6b}$$

In diesem Falle liefern die Randbedingungen (4,2) unter Berücksichtigung von (4,6) und (4,3) die Gleichungen

$$C_1 - vb \left\{1 + 2 \sum_{k=1}^{\infty} R^k \cos kt\right\} = A_0 +$$

$$+ \sum_{k=1}^{\infty} (R^k A^k + \frac{a_k}{R^k}) \cos kt + (\frac{b_k}{R^k} - R^k B^k) \sin kt$$

$$C_2 + vb \left\{1 + 2 \sum_{k=1}^{\infty} \frac{1}{\rho^k} \cos kt\right\} = A_0 +$$

$$+ \sum_{k=1}^{\infty} (\rho^k A^k + \frac{a_k}{\rho^k}) \cos kt + (\frac{b_k}{\rho^k} - \rho^k B^k) \sin kt$$

Durch Koeffizientenvergleich ergibt sich

$$C_1 - vb = C_2 + vb = A_0 \quad ; \quad B_k = b_k = 0$$

$$A_k = 2 vb \frac{(R^{2k} + 1)}{\rho^{2k} - R^{2k}} \quad ; \quad a_k = 2 vb \frac{R^{2k}(\rho^{2k} + 1)}{R^{2k} - \rho^{2k}}$$

Für g(w) erhalten wir damit

$$g(w) = 2vb \sum_{k=1}^{\infty} \frac{R^{2k}}{\rho^{2k} - R^{2k}} \left\{ \frac{1+R^{2k}}{R^{2k}} w^k - \frac{1+\rho^{2k}}{w^k} \right\} - \text{const.}$$

und für die komplexe Potentialfunktion

$$F(w) = -ivb \frac{w+1}{w-1} + ig(w) \qquad (4,7)$$

Die Funktion F(w) ist nur bis auf eine additive Konstante festgelegt.

Wir betrachten zunächst den Spezialfall, daß die beiden Kreise der Strömungsebene gleiche Radien besitzen. Die Mittelpunkte dieser Kreise, die dann symmetrisch zur imaginären Achse liegen, sollen die Koordinaten (±1,0) besitzen. Zwischen den Radien der konzentrischen Kreise in der transformierten Strömungsebene besteht dann die Beziehung

$$\rho = \frac{1}{R}$$

Damit vereinfacht sich die Gleichung (4,7) zu

$$F(w) = ivb \frac{1+w}{1-w} + 2ivb \sum_{k=1}^{\infty} \frac{R^{2k}}{1-R^{2k}} (w^k - \frac{1}{w^k})$$

Indem wir R über

$$R^2 = \frac{1-b}{1+b}$$

durch 1 und b ausdrücken und anschließend wieder zurück in die Strömungsebene transformieren, erhalten wir für die Potentialfunktion die Formel von J.Bonder {1}

$$f_1(z) = vz + 2ivb \sum_{k=1}^{\infty} \frac{(-1)^k (1-b)^k}{(1+b)^k - (1-b)^k} \left\{ \left(\frac{b+z}{b-z}\right)^k - \left(\frac{b-z}{b+z}\right)^k \right\}$$

Zur Potentialfunktion F(w) einer Strömung mit beliebiger Anströmgeschwindigkeit $(V + iv)$ gelangen wir durch Überlagerung der Formeln (4,5) und (4,7)

$$F(w) = (V - iv)b\frac{w+1}{w-1} + 2Vb\sum_{k=1}^{\infty}\frac{R^{2k}}{\rho^{2k}-R^{2k}}\left\{\frac{1-R^{2k}}{R^{2k}}w^k - \frac{\rho^{2k}-1}{w^k}\right\}$$

$$- 2ivb\sum_{k=1}^{\infty}\frac{R^{2k}}{\rho^{2k}-R^{2k}}\left\{\frac{1+\rho^{2k}}{w^k} - \frac{1+R^{2k}}{R^{2k}}w^k\right\} \tag{4,8}$$

Mittels der Beziehungen

$$-\sum_{k=1}^{\infty}\frac{R^{2k}}{\rho^{2k}-R^{2k}}(\rho^{2k}-1)\frac{1}{w^k} = \sum_{k=1}^{\infty}\left\{\frac{R^{2k}}{\rho^{2k}-R^{2k}}\frac{(1-R^{2k})}{w^k}\right\} - \frac{1}{2}\frac{w+R^2}{w-R^2} + \frac{1}{2}$$

und

$$\sum_{k=1}^{\infty}\frac{R^{2k}}{\rho^{2k}-R^{2k}}\frac{(1+\rho^{2k})}{w^k} = \sum_{k=1}^{\infty}\left\{\frac{R^{2k}}{\rho^{2k}-R^{2k}}\frac{(1+R^{2k})}{w^k}\right\} + \frac{1}{2}\frac{w+R^2}{w-R^2} - \frac{1}{2}$$

bringen wir die Gleichung (4,8) auf die Form

$$F(w) = (V-iv)b\frac{w+1}{w-1} + 2Vb\sum_{k=1}^{\infty}\frac{R^{2k}(1-R^{2k})}{\rho^{2k}-R^{2k}}\left\{\frac{w^k}{R^{2k}} + \frac{1}{w^k}\right\} -$$

$$- b\frac{w+R^2}{w-R^2}(V+iv) - 2ivb\sum_{k=1}^{\infty}\left\{\frac{R^{2k}}{\rho^{2k}-R^{2k}}(1+R^{2k})\left(\frac{1}{w^k} - \frac{w^k}{R^{2k}}\right)\right\} + C \tag{4,9}$$

wobei C eine Konstante bezeichnet.

Es soll nun nachgewiesen werden, daß diese komplexe Potentialfunktion bis auf eine additive Konstante mit der von Lagally angegebenen Funktion {2} übereinstimmt. Lagally gibt seine Potentialfunktion in einer transformierten τ-Ebene an, die mit der w-Ebene über $\tau=\ln w$ zusammenhängt. Lagallys Potentialfunktion lautet

$$F(\tau) = 2bV\{\zeta(\tau) - \zeta(\tau-2\ln R)\} - 2ivb\{\zeta(\tau)+\zeta(\tau-2\ln R)+\frac{2i}{\pi}\eta\tau\} \tag{4,10}$$

Dabei bedeutet $\eta=\zeta(-\pi i)$ und mit $\zeta(\tau)$ ist die Weierstraßsche Zetafunktion bezeichnet. Es ist praktisch die Zetafunktionen durch die Jacobischen Thetafunktionen auszudrücken {5}

$$\zeta(\tau) = \frac{1}{2\omega} \frac{\theta_1'(\frac{\tau}{2\omega})}{\theta_1(\frac{\tau}{2\omega})} + \frac{\eta_1}{\omega} \tau \qquad (4,11)$$

wobei ω die halbe Periode der θ-Funktionen und $\eta_1 = \dfrac{-\theta_1'''(0)}{12\omega\theta_1'(0)}$ bedeutet. Ferner gilt {6}

$$\frac{\theta_1'(\frac{\tau}{2\omega})}{\theta_1(\frac{\tau}{2\omega})} = \pi \cot(\pi\frac{\tau}{2\omega}) + 4\pi \sum_{m=1}^{\infty} \frac{q^{2m}}{1 - q^{2m}} \sin 2m\pi\frac{\tau}{2\omega} \qquad (4,12)$$

Dabei ist q in unserem Fall eine Abkürzung für den Ausdruck

$$q = \exp\{-i\pi \frac{\ln(\rho R^{-1})}{\omega}\} \qquad (4,13)$$

Die Reihe {4,12} konvergiert gleichmäßig für alle τ, wenn der Imaginärteil

$$\operatorname{Im} \frac{\ln \frac{\rho}{R}}{\omega} > 0 \qquad (4,14)$$

größer Null ist.

Da $R < 1$ und folglich $\ln \frac{\rho}{R} > 0$ ist, kann in unserem Fall die Konvergenzbedingung {4,14} erfüllt werden, wenn die halbe Periode ω der Zetafunktion zu $\omega = -i\pi$ gewählt wird. Nach {4,13} bestimmen wir q zu

$$q = \frac{R}{\rho}$$

und erhalten für die Koeffizienten der Entwicklung (4,12)

$$\frac{q^{2m}}{1 - q^{2m}} = \frac{R^{2m}}{\rho^{2m} - R^{2m}} \qquad (4,15)$$

Wir finden nun über {4,15} {4,12} und {4,11}   für die Ausdrücke

$$\zeta(\tau) \mp \zeta(\tau-2\ln R) = \frac{i}{2} \{4 \sum_{m=1}^{\infty} \frac{R^{2m}}{\rho^{2m}-R^{2m}} (\sin(im\tau) \mp \sin(im(\tau-2\ln R))) +$$

$$+ \cot(\frac{i\tau}{2}) \mp \cot(\frac{i}{2}(\tau-2\ln R))\} + \text{const} + \{\{\begin{matrix} 0 \\ \frac{i}{\pi} 2\tau(n+n_1) \end{matrix}\}\}$$
(4,16)

wobei in der doppelt geschweiften Klammer die obere Zeile für die Differenz und die untere Zeile für die Summe der linken Seite gelten soll. Man zeigt leicht mittels (4,11) und (4,12), daß $n_1 + n = 0$ ist. Wenn wir in (4,16) die Winkelfunktionen durch die Exponentialfunktion ausdrücken und zugleich mit $e^\tau = w$ zur w-Ebene übergehen, so wird aus Gleichung (4,16)

$$\zeta(\ln w) \mp \zeta(\ln \frac{w}{R^2}) = \frac{1}{2} \{ \frac{w+1}{w-1} \mp \frac{w+R^2}{w-R^2} \} +$$

$$+ \sum_{m=1}^{\infty} \frac{R^{2m}}{\rho^{2m}-R^{2m}} \{\{ \frac{1}{w^m} \pm \frac{w^m}{R^m} \}\} \{\{ \frac{1-R^{2m}}{1+R^{2m}} \}\}$$
(4,17)

Die doppelt geschweifte Klammer soll hier die gleiche Funktion wie in Gleichung (4,16) ausüben. Setzen wir die Ausdrücke (4,17) in die von Lagally angegebene Potentialfunktion (4,10) ein, so ergibt sich genau Gleichung (4,9). Damit haben wir Lagallys Potentialfunktion mit der hier hergeleiteten Potentialfunktion (4,9) in Übereinstimmung gebracht.

5) Numerische Auswertung.

Nach dem im Abschnitt 2 angegebenen Verfahren ist eine Strömung um 7 Kreislinien numerisch berechnet worden, (Abbildung 4). Dabei wurde die zur x-Achse parallele Anströmgeschwindigkeit $V=1$ gesetzt. D.h. alle Geschwindigkeiten werden in Einheiten der Anströmgeschwindigkeit gemessen. Die Mittelpunktskoordinaten M_i der sieben Kreise, ihre Radien R_i und die Zirkulationen um die Kreise betragen

$M_1 = (-2;0)$ $R_1 = 1$ $\Gamma_1 = 20$

$M_2 = (0;-2)$ $R_2 = 1$ $\Gamma_2 = -20$

$M_3 = (2;0)$ $R_3 = 1$ $\Gamma_3 = 20$

$M_4 = (0;2)$ $R_4 = 1$ $\Gamma_4 = -20$

$M_5 = (2,5;2,5)$ $R_5 = 0,5$ $\Gamma_5 = 30$

$M_6 = (-4;-2)$ $R_6 = 0,5$ $\Gamma_6 = -30$

$M_7 = (-2,5;-3)$ $R_7 = 0,5$ $\Gamma_7 = -40$

Die Reihenentwicklungen zur Bestimmung der Funktion $g(z)$ (Gleichung 2,12) wurden zur numerischen Auswertung mit den Gliedern 10ter Ordnung abgebrochen.

Das Geschwindigkeitspotential der Strömung um sieben Kreislinien ist eine mehrdeutige Funktion. Deshalb ist die Strömungsebene in der Abbildung 4 längs der sieben Halbgeraden, die parallel zur positiven x-Achse verlaufen, jeweils vom Mittelpunkt der Kreise bis Unendlich aufgeschnitten.

Alle numerischen Rechnungen wurden an der Rechenanlage IBM 370/165 der Gesellschaft für Mathematik und Datenverarbeitung in Bonn durchgeführt.

Literaturverzeichnis

1) Bonder,J.: ZAMM 9,242 (1929)

2) Lagally,M.:ZAMM 9,299 (1929)

3) Reuter,F.,Neukirchen,H.J.,Sommer,D.: Forschungsberichte des Landes Nordrhein-Westfalen, Nr.1930, Opladen 1968

4) Lagally,M.:ZAMM 8,432 (1928)

5) Burkhardt,H.,Faber.G.: Elliptische Funktionen, Walter de Gruyter Verlag Berlin,Leipzig 1920, § 53

6) Magnus,W., Oberhettinger,F., Tricomi,F.G.: Higher Transcendental Functions, Mc Graw Hill, New York 1953, Volume II

7) R. Weizel, J.Weyland: Forschungsberichte des Landes Nordrhein-Westfalen, Nr.2378, Opladen 1973

8) R.Weizel: Potentialströmung um N Kreise, ZAMM 53, 463 (1973)

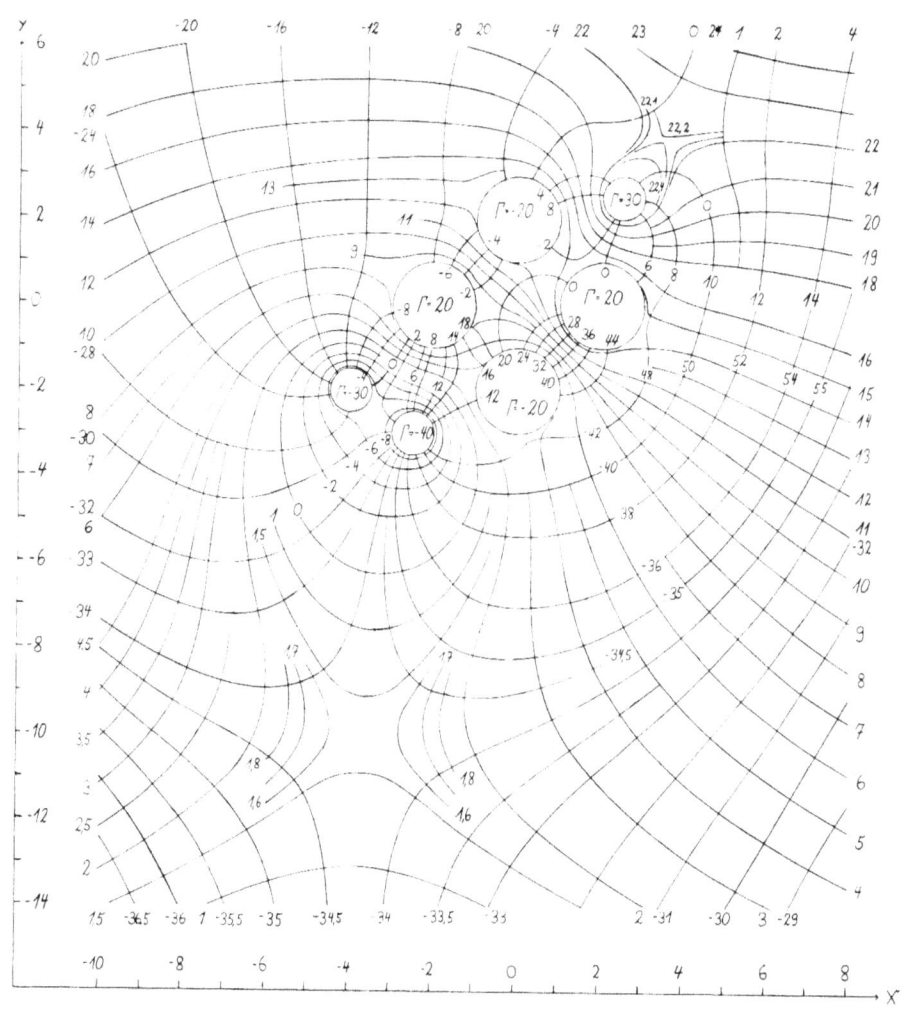

STRÖMUNG UM 7 KREISE

Abb. 4

Forschungsberichte des Landes Nordrhein-Westfalen

Herausgegeben im Auftrage des Ministerpräsidenten Heinz Kühn
vom Minister für Wissenschaft und Forschung Johannes Rau

Sachgruppenverzeichnis

Acetylen · Schweißtechnik
Acetylene · Welding gracitice
Acétylène · Technique du soudage
Acetileno · Técnica de la soldadura
Ацетилен и техника сварки

Arbeitswissenschaft
Labor science
Science du travail
Trabajo científico
Вопросы трудового процесса

Bau · Steine · Erden
Constructure · Construction material ·
Soilresearch
Construction · Matériaux de construction ·
Recherche souterraine
La construcción · Materiales de construcción ·
Reconocimiento del suelo
Строительство и строительные материалы

Bergbau
Mining
Exploitation des mines
Minería
Горное дело

Biologie
Biology
Biologie
Biología
Биология

Chemie
Chemistry
Chimie
Quimica
Химия

Druck · Farbe · Papier · Photographie
Printing · Color · Paper · Photography
Imprimerie · Couleur · Papier · Photographie
Artes gráficas · Color · Papel · Fotografía
Типография · Краски · Бумага · Фотография

Eisenverarbeitende Industrie
Metal working industry
Industrie du fer
Industria del hierro
Металлообрабатывающая промышленность

Elektrotechnik · Optik
Electrotechnology · Optics
Electrotechnique · Optique
Electrotécnica · Optica
Электротехника и оптика

Energiewirtschaft
Power economy
Energie
Energía
Энергетическое хозяйство

Fahrzeugbau · Gasmotoren
Vehicle construction · Engines
Construction de véhicules · Moteurs
Construcción de vehículos · Motores
Производство транспортных средств

Fertigung
Fabrication
Fabrication
Fabricación
Производство

Funktechnik · Astronomie
Radio engineering · Astronomy
Radiotechnique · Astronomie
Radiotécnica · Astronomía
Радиотехника и астрономия

Gaswirtschaft
Gas economy
Gaz
Gas
Газовое хозяйство

Holzbearbeitung
Wood working
Travail du bois
Trabajo de la madera
Деревообработка

Hüttenwesen · Werkstoffkunde
Metallurgy · Materials research
Métallurgie · Matériaux
Metalurgia · Materiales
Металлургия и материаловедение

Kunststoffe
Plastics
Plastiques
Plásticos
Пластмассы

Luftfahrt · Flugwissenschaft
Aeronautics · Aviation
Aéronautique · Aviation
Aeronáutica · Aviación
Авиация

Luftreinhaltung
Air-cleaning
Purification de l'air
Purificación del aire
Очищение воздуха

Maschinenbau
Machinery
Construction mécanique
Construcción de máquinas
Машиностроительство

Mathematik
Mathematics
Mathématiques
Matemáticas
Математика

Medizin · Pharmakologie
Medicine · Pharmacology
Médecine · Pharmacologie
Medicina · Farmacología
Медицина и фармакология

NE-Metalle
Non-ferrous metal
Metal non ferreux
Metal no ferroso
Цветные металлы

Physik
Physics
Physique
Física
Физика

Rationalisierung
Rationalizing
Rationalisation
Racionalización
Рационализация

Schall · Ultraschall
Sound · Ultrasonics
Son · Ultra-son
Sonido · Ultrasónico
Звук и ультразвук

Schiffahrt
Navigation
Navigation
Navegación
Судоходство

Textilforschung
Textile research
Textiles
Textil
Вопросы текстильной промышленности

Turbinen
Turbines
Turbines
Turbinas
Турбины

Verkehr
Traffic
Trafic
Tráfico
Транспорт

Wirtschaftswissenschaften
Political economy
Economie politique
Ciencias económicas
Экономические науки

Einzelverzeichnis der Sachgruppen bitte anfordern

Westdeutscher Verlag GmbH
– Auslieferung Opladen –
567 Opladen, Postfach 1620

GPSR Compliance

The European Union's (EU) General Product Safety Regulation (GPSR) is a set of rules that requires consumer products to be safe and our obligations to ensure this.

If you have any concerns about our products, you can contact us on

ProductSafety@springernature.com

In case Publisher is established outside the EU, the EU authorized representative is:

Springer Nature Customer Service Center GmbH
Europaplatz 3
69115 Heidelberg, Germany

www.ingramcontent.com/pod-product-compliance
Lightning Source LLC
LaVergne TN
LVHW060146080526
838202LV00049B/4103